BEI GRIN MACHT SICH IHR WISSEN BEZAHLT

- Wir veröffentlichen Ihre Hausarbeit, Bachelor- und Masterarbeit

- Ihr eigenes eBook und Buch - weltweit in allen wichtigen Shops

- Verdienen Sie an jedem Verkauf

Jetzt bei www.GRIN.com hochladen und kostenlos publizieren

Bibliografische Information der Deutschen Nationalbibliothek:

Die Deutsche Bibliothek verzeichnet diese Publikation in der Deutschen National-
bibliografie; detaillierte bibliografische Daten sind im Internet über http://dnb.d-
nb.de/ abrufbar.

Impressum:

Copyright © 2018 GRIN Verlag
Druck und Bindung: Books on Demand GmbH, Norderstedt Germany
ISBN: 9783668691087

Michael Dienst

Kiele und Kielboote. Rund Hasselwerder

GRIN Verlag

Kiele und Kielboote
Rund Hasselwerder

Mi. Dienst
Berlin im Frühjahr 2018

Also bin ich in der ausgesprochen glücklichen Situation und Lage, ein kleines, wirklich famos funktionierendes Heterotop, einen eigenen „AndersOrt" besuchen zu dürfen. Oh, lala, nicht was Sie jetzt vermuten. Kein Bordell, kein Irrenhaus und auch keine Gefängniszelle, aus der ich zu Ihnen schreibe. Nein, mein AndersOrt ist eine liebenswerte, für ihre Verhältnisse schon etwas betagte, aber feine Dame. Behäbig zwar, das ist eben ihr Wesen; schon seit Ihrem ersten Tag. Hier, herrschen nur ihre eigenen Gesetze, wie es sich für einen AndersOrt gehört. Worte und Taten ohne Folgen; Gebote, die nicht gelten. Der handverlesene Gast zieht seine Schuhe aus, sagt „Du". Und ich liebe ihre allgegenwärtige Präsenz. Nichts, aber auch gar nichts ist ohne Funktion, nicht mal der Name, SÖVIND. Als ich schwer krank war, wurde ich in ihrem dunklen Bauch geheilt. Sie brauchte über dreißig Tage, wohl wahr. Meine Muse, mein AndersOrt, Heterotopia.

Laris: Was ist das denn für eine bescheuerte Frage?
Mi: Und?
Laris: Na, ein Kiel ist ein Kiel. Und ein Kielboot ist ein Kielboot.

Dass wir uns überhaupt kennen, ist für mich immer noch merkwürdig. Andererseits auch wieder nicht. Laris, ziemlich intelligent, zieht sie Abitur und Studium durch; Wirtschaftsinformatik. Dann lernt sie Purzel kennen. Und bleibt bei ihm. Dass ich Karl-Heinz, hier in Berlin wiedertreffe ist das eigentliche Wunder. Purzel, ein begnadeter CCM-Schrauber aus Duderstadt. Im Industriegebiet dieser irgendwie ein wenig schäbigen Stadt im Niemandsland mit Todesstreifen, dem heruntergekommenen Grenzgebiet zwischen BRD und DDR gibt es diese kleine, feine Werkstadt für englische Motorräder. Hier schiebe ich im Sommer 1980 meine Enfield auf den Hof; die Kopfdichtung war am Edersee durchgeknallt, das Öl zu dünn, der Berg zu steil, was weiß ich und denke: sie hat gerade ihren vorletzten Hub gemacht. Ich bin pleite, das letzte Geld steckt im Sprit, das allerletzte im linken Stiefel. Für den Notfall. Der einen Tag später kommt. Aber das weiß ich zu diesem Zeitpunkt noch nicht.

„Ich brauche nur das Werkzeug, geht das?" bluffe ich den Mechaniker an. Er ist zehn, zwölf Jahre älter als ich, sieht mich mit einem irgendwie wölfigen Blick an, dann die Enfield und sagt, die Bullet würden sie so machen. Jetzt setz Dich erst mal hin. Als erstes klebt er mir das Firmenlogo auf den Seitendeckel. Purwin und Simmert. Dann bürstet er den Motor frei. Der hat es gerade noch so geschafft. Hoffentlich. Der Hinweis auf Purwin und Simmert kam von Helge B. Einem in seiner freien Zeit ölverschmierten Gynäkologen aus Bennihausen, irgendwo bei Göttingen. Die Notadresse wiederum stammte von einer Studentin, die ich auf der Treppe zu meiner Wohnung fand, als sie in ihren Motorradhelm weinte und mir dann bei einem Kaffee drei Stockwerke weiter erzählte, dass sie sich in den Andi mit der CB 250 verliebt hatte. Andreas aus der schwulen Architekten-WG im Paterre; aber das gerade hatte sie nicht auf dem Plan. Und weinte ein halbes Jahr. Gelegentlich. Bei Helge und Mo durfte ich auf dem Scheunenboden übernachten; unten dampfte meine geschundene Bullet aus, zwischen unzähligen anderen, meist einzylindrigen Schätzchen; die mit den Schwalbenschwänzen, die mit der Lukas-Zündung. Vor allem diese, damals. Die Kopfdichtung erwies sich als Problem, anderentags. Vielmehr die englischen Gewinde. Später, über die Jahre dann ersetzte ich alles durch metrische HeliCoil, aber jetzt in Duderstadt finde ich in Purzel den Meister der Improvisation. Er schraubt den ganzen Nachmittag, bastelt sie zurecht. Und lädt mich aus reiner Dankbarkeit über sein Meisterwerk ein zu dem alten aufgegebenen Bauernhof auf dem er und etliche Andere leben, mit einem kleinen Umweg zur Zonengrenze und Blick auf die Wachtürme drüben. Micha Simmert und ich tauschen die Räder und seine 75oer Tiger fühlt sich gut an. Für die Enfield ist das gleichzeitig die Ausgangsprüfung der Werkstatt Purwin und Simmert. Später dann gibt es Bier und Hühnchen vom Holzfeuer und den ersten Punk in meinem Leben lerne ich nicht in Berlin Kreuzberg kennen, sondern hier. Er heißt ausgerechnet Kreisch, sehr trefflich. Purzel in Duderstadt; aber nach ein paar Jahren bleiben die Postkarten aus. In Berlin geschehen nun die ganzen Dinge, die für immer mein Leben verändern. Heide, dann Moritz dann Jana. Dann die Mauer, der Tegeler See. Die Kinder fangen an zu segeln und ich bin es leid, auf dem Steg zu stehen und WENDE und HALSE zu schreien und segle dann auch. Der Laser bleibt eine Offenbarung. Endlich und zum ersten Mal, seit ich das Fahren mit einem Gelübde beendet hatte – mein letztes Kind solle den Motorradführerschein gemacht haben, so dass ich wieder einstiege und Heide und ich wollten fünf, wobei es nur zwei werden, aber 25 Jahre dauert – zum ersten Mal also hatte ich wieder dieses Brummeln im Bauch. Ja, rund Hasselwerder, aber mit und ohne Ruder, mit Blindenbrille, dieses ganze Eso-Experimentierzeugs halt und viele Abgänge. Ein Nachmittag kostet mich damals drei Kilo und es ist auf einmal wie das Schuleschwänzen auf der Honda und entlang der Wisper, als ich noch jung war und noch vor der Enfield, die ich mehr schob, durch West-Berlin. Fast dreißig Jahre später treffen wir uns auf einer Party bei Mecki und weinen, der Purzel und ich. Laris lernt jetzt Bootsbau, Purzel schraubt für Roger, meinem DUCATI-Freund und Schrauber und alle zusammen sind wir glücklich an diesem Abend, jetzt wo wir hier und alte Männer sind und glücklich darüber, dass diese Welt gerade genau so klein ist, wie sie ist.

Als wir letztens auf der Welkisch-Werft waren – ich brauchte eine neue oder auch eine alte Rolle für den Masttop der SÖVIND - warteten wir auf Mecki und kamen ins Gespräch; Laris, Heide und ich. Sie hört es ja nicht gern, aber ich machte meiner Bewunderung Platz. Nach der Informatik das Vakuum. Dann Bootbauerlehre, Berufsschule mit Jungs, die genau halb so alt sind wie sie selbst, dann PRINCIPALS OF YACHDESIGN bei Lars Larsson an der International School of Yacht Design, ISYD in Sweden, jetzt Meisterprüfung. Das ist auf jeden Fall eine Ansage.

Ich erzähle ihr, dass für uns Heides SÖVIND mehr ist als nur ein Segelboot. Einmal gab sie mir sechs Wochen Dunkelheit und ich war geheilt. Sie ist mein Denk-Ort. Sie ist unser Anders-Ort, das Heterotop. Der straffreie Raum. Ausbreitungsfläche für heikle Theorien, unbeliebte Fragen, vage Antworten. Auf der SÖVIND, sage ich, wolle ich mit ihr über Bootskiele sprechen und Laris sagt zu. Und genau dort befinden wir uns jetzt. Heide lässt Hasselwerder auf Backbord liegen und steuert ihre SÖVIND mit einem leichten SüdWest auf den Tegeler See.

L: Ganz einfach. Hast Du einen Kiel, hast Du ein Kielboot. Hat Du keinen Kiel, hast Du was anderes. Dein Folkeboot hier ist ein wunderbarer Langkieler.
       Endlich lächelt sie mal, die Laris.
Mi: Die SÖVIND ist unser erstes Kielboot nach der Randmeer. Sie ist unser letztes Boot.

Die alten Segel, Original 1974, ziehen noch ganz gut; Heide wendet ihre SÖVIND und geht ein wenig raus, wie sie es gerne tut aber wegen ihrer Jollenvita selbst gar nicht so wahrnimmt.

L: Es tut gut mal wieder zu Segeln. Wir hobeln und schrauben, aber segeln nur selten.

Mi: Hmm.

L: Dicke Schiffe sind immer Kielboote; da gibt es gute und Mist. Ich hasse Jollenkreuzer. Die Kunden wollen immer einen alten Jollenkreuzer restauriert haben. Kaufen sich ein Holzboot irgendwo von der Müritz, haben keine Ahnung, aber haben Geld. Sehen nur das Deck, den Aufbau. Aber drinnen? Jollenkreuzer stinken wie eine Gruft. Schlaf mal drin. Wie nasse Socken.

Mi: Wegen dem Schert.

L: Wegen DES Schwertkastens, ja. Jollenkreuzer sind auch sonst irgendwie komisch. OK, sie sind schnell. Ich glaube der 15er hat eine Yardstick[1] von 98! oder so, schneller als das H-Boot. Aber komisch.

Mi: Kielboote sind anders?

L: Natürlich sind die das. Kielboote sind ruhig. Also die richtigen Schiffe. Ich liebe die Ruhe, die von solch einem Boot ausgeht. Selbst auf Reede setze ich mich in ein Kielboot und meine Knochen hören auf zu klingeln.

Mi: Kurzkieler?

L: Da setze ich mich nicht rein. Ich meine richtige Schiffe. Ich meine Langkieler.
        Wir hatten einen alten Stahlmotorsegler. Viel zu machen. Richtig Geld ging da rein. Als er fertig war, mussten wir ihn überführen. Oder besser, wir durften ihn überführen. Ein wunderbares Schiff. Mitten auf dem Wannsee streikt der Volvo. Nicht unsere Baustelle, der Diesel, dachte ich. Segeln wir. Aber wir hatten keine Segel dabei. Da zaubert Kai ne alte Gartenplane aus der Backkiste. Als wir die anschlagen, ist da mit weißer Farbe ein Hakenkreuz drauf. Sicher so zwei mal zwei Meter. Stell Dir vor: Wir, mit Hakenkreuz, quer auf dem Wannsee. Also alles wieder runter, Dreieck falten. Da kommt auch schon Moby Dick um die Ecke. Als die Teichplane wieder oben ist, fängt sie schon an zu laufen, die alte Dame. Legt sich zur Seite und läuft.

---

[1] Das P-Boot oder auch 15er Jollenkreuzer ist ein für flache Gewässer konzipiertes Boot. Die Konstruktionsklasse ist auf eine Länge über Alles von höchstens 6.500 mm und eine maximale Breite von 2.500 mm festgelegt. Yardstickzahl: 101 (Regatta) und 109 (Fahrten).
Das H-Boot wird seit 1967 als Einheitsklasse von verschiedenen Werften gebaut, Konstrukteur ist der Finne Hans Groop. H-Boot Yardstickzahl: 106.

Das nenne ich ein Schiff.
Mi: Ein Kiel ist ein Kiel.
L: Ja, was soll der Mist: ein Kiel ist ein Kiel.
Mi: Ich meine, stell Dir vor: So ein Boot hätte einen Kiel, aber keinen Gewichtskiel. Sondern einfach nur so einen Formkörper, wie ein Kiel.
L: Mann, Micha. Das ist so richtig kakademisch. Weißt Du eigentlich, warum ich nach dem Studium ein Handwerk gelernt habe?
Mi: na?
L: Wegen dieser Formkörper. Und ja, so'n Formkörper ist auch irgendwie Kiel.

Der Wind schläft jetzt ein. Heide halst an der Franzosentonne, ein Ritual. Vor ganz leisem Wind nimmt sie Kurs auf die Malche. Gerade kommen dort die Gänse nach Hause. Ohne Höhenverlust schweben sie ein. Laris und ich drehen uns Zigaretten. Der Rauch füllt das Segel. Verschwindet am Unterliek. Laris wendet sich an Heide.

L: Deine SÖVIND ist wunderbar. Sie ist schwer. Sie hat einen langen Kiel. Zweieinhalb Tonnen?
H: Eher 2.7 Tonnen.
L: Das ist schon etwas anderes als eine moderne Yacht. Ja, gut; auch die haben einen Kiel. Und der geht durchaus tief. Mit einer Bombe ist der auch schwer. Das Gewicht ist dann dort, wo es optimaler Weise sein sollte. Aber was so ein Optimum ist, das weiß auch keiner so genau. Die tiefe Bombe, der lange Hebel. Wenn man es ausrechnet, so mit Masse mal Hebel-Quadrat, Steiner, kommen wir auf ähnliche Zahlen, als hätten wir das Gewicht über einen langen Kiel verteilt. Ähnliche. Denn die reinen Zahlen sind nix wert, wenn man nicht daneben schreibt, woher sie stammen. Was sie machen. Was sie können. Ich kann doch kurze Kiele nicht mit langen Kielen vergleichen.
Mi: Weil?
L: Zwei Welten. Mit einem langen Hebel und einem geringeren Gewicht kannst Du das gleiche rückstellende Moment erzeugen wie mit einem kurzen Hebel und einem großen Gewicht. Es ist das gleiche Moment, aber ..
Mi: Aber von einer anderen Art.
L: Genau. Es ist eine Frage der Residuen …

Mi denkt: Ach du Kacke. Jetzt kommt die Informatikerin durch. Wer hätte das gedacht? Und. Wie war das nochmal? Ein Residuum ist - in der Mathematik, nein in der numerischen Mathematik - die Abweichung von einem Erwartungswert, also der Abstand vom gewünschten Ergebnis. Die Abweichung entsteht immer dann, wenn man mit einer Näherung arbeitet. Das mache ich laufend. Das Residuum ist also die Rache für Pi=3 und g=10 und dass ein Knoten ein halber Meter sei. So was halt.

Mi: .. entschuldige, wie war das eben?
L: ... immer dann, wenn Du das, was Du mit dem Gewicht ausgleichen willst, nicht genau triffst. Oder nicht treffen kannst. Pass auf. Es gibt einen Auslegungspunkt für jedes Schiff. Und so ein Kiel ist halt mal ein Kiel. Du erinnerst Dich, Micha. Bei einem Kiel kannst Du nicht einfach mal nen Zentner rausziehen, wenn Du ihn an einer anderen Stelle schnell brauchst. Der Kiel ist ein Kiel, so wie er ist und der Keil bleibt Kiel.
Mi: äh…. Brautkleid..
L: bitte? Egal: kurz mal schwer ist lang mal leicht. Beides ist gleich. Was würdest Du wählen, Micha?
Mi: Lang (… er merkt, dass die Antwort zu schnell kommt …) und leicht.
        Oder genau umgekehrt?
L: Ha. Natürlich kurz und schwer.
Mi: Natürlich. Und warum?
L: Kurz und schwer ist die Erdung. Lang und leicht ist das Gefummel. Und wenn man es richtig anstellt, ist kurz und schwer, also kurzer Hebel mit viel Gewicht dran, die viel universellere Konstruktion und vor allem in ihrer Dynamik schnell.
Mi: Viel Gewicht ist schneller?
L: Natürlich. Wenn ein dicker Mann mit seinen 100 Kg (alle starren mich an) während der Wende in die Schiffsmitte plumpst, ist ein Schiff in Bewegung doppelt so schnell, also dynamisch, also von der Änderung der Winkelgeschwindigkeit, also der Winkelbeschleunigung her, (Laris zählt die Alsos an den Fingern ab) als würde ein leichter Hüpfer vom Back- in das Steuerbord-Trapez hechten. (und noch vier Finger) Dreh- Impuls- Erhaltungs- Satz.
Mi: pfff.
H: Die Eisprinzessin.
L: Genau Heide, die Eisprinzessin. Sie holt die Masse rein, die Arme, die Beine, also alles und dreht sich für einen Moment schnell. Man achte auf die Worte „Moment und schnell".

Mi: Alle Achtung, ihr überfordert mich. Also Fast. (vier Micha-Finger)
H: Total, eher. Guck mal, ich zeig Dir das.

Heide yuloht jetzt die SÖVIND in den kleinen Hafen des Deutsch-Französischen Segelclubs. Walzer-Takt. Sie balanciert das schwere Schiff so, dass es bei jedem zweiten, dritten Hub ein bisschen mehr oder weniger rollt. Gerade so, wie sie es zum Manövrieren braucht. Ohne dabei Energie in eine unnütze Beschleunigung zu verschwenden. Ein harmonischer Tanz, der nicht physikalisch zerquatscht werden will. Ich stehe am Bug und grinse, wahrscheinlich ein wenig debil, in die Abendsonne und springe auf den Steg, nehme die Leinen auf, hangle zurück auf die SÖVIND, ein leichtes Nicken der zweikommasieben Tonnen, die Festmacher nehmen Zug auf und am Heck ist das Schiff nun klar.

L: Ich glaube, ich war Dir jetzt keine große Hilfe bei Deinen Kielfragen. Da ist ja Karl-Heinz!
Mi: Doch. Danke. Eine große Hilfe. Hallo Purzel. Das klingt wie aus einer anderen Zeit.

Wir legen die Segel zusammen, tun noch die Leinen auf. Machen alles klar für die Feuchte, die nun aufzieht, während die Mücken jetzt kommen und die Gänse über das Gras wackeln. Später dann, in der Bar de la Marine sitzen wir bei einem guten Rotwein zusammen.

L: Jetzt weiß ich, was Du meinst. Mit Deinen Kielen. Man hat immer eine vollkommen falsche Assoziation. Wir Bootsbauer nehmen einen Auftrag an, da steht drauf: Kielboot. Und wir machen schon mal die Halle frei, weil das ein Dreitonnen-Ding wird. Und es geht überhaupt nicht um das Volumen, es geht um das Gewicht. Kielboote sind schwer und Langkieler sind noch schwerer. Haben mehr Fläche im Kiel und mehr Volumen. Und glaube mir, jeder einzelne Quadratmeter Lateralplan lohnt sich auf See.
K-H: Und lohnt sich an Land. Da planst Du mal gleich zwei Dosen VC17M mehr ein und schreibst die auf.
L: Lateralplan lohnt sich immer. Der Mecki ist ja Bücher-Messi. Du kennst doch dieses fette Konstruktionsbuch, oder? Sein Buch. Das Mecki-Buch.
Mi: In Meckis Regal war ich noch nicht? Aber sicher ist das der Marchaj. Die Bibel.
L: Die Bibeln, genau. Davon hat er nämlich gleich zwei Exemplare nebeneinander im Regal. Das ist doch bescheuert. Oder?
K-H: Keineswegs. Wir haben auch viele Bücher zweimal.

L: Das ist was anderes. Dein Buch, mein Buch. Wir treffen uns. Ping!

K-H: Ping. Treffen sich zwei Bücher bei Mecki, sagt das eine ..

Und dann das rituelle Zusammentreffen der Italienerinnen. In Meckis Katakombe nahe dem Olympiastadion versammelten sich die Guzzies und Ducatis um im Warmen und von Mecki gut behütet, den Berliner Winter zu verbringen. Ich ließ es mir nie nehmen, Jana und ihre Carenata nach Spandau zu begleiten. Und für das enge Aneinanderschichten ist sowieso immer eine weitere Hand gut. Dort erwarteten sie uns schon: Meckis Le mans, Helmuts SCR 350, die eine oder andere Göttin zu Gast und jene V7, die dann später Purzel schrauben und Laris übernehmen soll. Ich glaube, so kam das damals alles zusammen. Ping. Und es gab Gerüchte, eines Jahres. Für die Überführung Janas Ducati brachte Heide Ständer, Haube, Werkzeug mit dem Auto, ich mich mit der Suzuki mit, was absehbar als Stilbruch gelten musste und für allerlei Getuschel über die gesamte Winterzeit sorgte. Hatte dieser etwa seine SCR in einem prekären Zustand hineinegeschraubt, nicht mehr vorzeigbar? Häufen sich die technischen Ungeschicklichkeiten des selbsternannten Motorenbauers zu einem italienischem Rosthaufen auf? Wie ist es mit den wahren Fähigkeiten des Fabio-Taglioni-Kenners Micha MACCINA bestellt? Sind sie überhaupt noch zusammen, die Duc und Er?

Mi: Keineswegs. Seetüchtigkeit, der vergessene Faktor[2]!

L: Nein, es ist das andere. Und ja, Seetüchtigkeit ist ja irgendwie sein Lieblingsthema.

Mi: Von Marchaj.

L: Von Mecki! Hier im Binnenland ist das wahrscheinlich egal. Aber draußen auf dem Meer ist die Seetüchtigkeit entscheidend. Also die Konstruktionsweise von grundsätzlicher Art. Moderne Yachten haben weniger einen Kiel, als vielmehr ein gewichtetes Brett. Einen schweren Flügel eher. Und Du willst nun wissen, was passiert, wenn man nicht Blei nimmt, sondern Eisen. Und dann kein Eisen, sondern Beton und dann kein Beton sondern Holz. Oder Plastik. Die J22[3] ist so ein Fall. Wir hatten

---

[2] Ingenieur und Segler Marchaj betrachtet die zur Seetüchtigkeit beitragenden Entwurfsmerkmale, untersucht aber auch, was mit dem heutigen Konzept der seegehenden Rennyacht oder vorgeblichen Tourenyacht fehlgelaufen ist und warum es dazu kam. Besonders die neuen Baumaterialien haben den Wandel vom seetüchtigen Fischerboot des 19. Jahrhunderts zur diffizilen Rennyacht beschleunigt. https://www.delius-klasing.de/seetuechtigkeit-der-vergessene-faktor-10347

[3] Die J/22 ist ein sportliches Kielboot, das sowohl zum Freizeitsegeln wie als Regattayacht genutzt wird. Die größten Flotten gibt es in den USA, Kanada, den Niederlanden, Italien, Frankreich, Südafrika und Deutschland. Das Boot wurde von Rod Johnstone für die Firma JBoats, USA konstruiert und wird heute noch von ihr

letztes Jahr einen Auftrag. Eine J. Der Eigner hatte gekrant und sie einfach auf den Kiel gestellt, wie man das bei Kielbooten halt so macht. Dummerweise hat die J22 aber gar keinen Kiel. Eben halt nur diesen Flügel. Und plockk, war die Finne weg. Einfach hinten weggeplatzt. Er hatte überhaupt keinen Plan, was er jetzt machen sollte. Zurück ins Wasser? Oder auf den Trailer? Der stand aber bei Potsdam in der Garage. Zufällig lagen da ein paar EURO-Paletten rum. Die stapelt er hoch, steckt die J22 einfach durch die Ritzen und nimmt sie vom Haken.

Mi: Genial.

L: Nein irre. Aber hat gehalten: Und sah bescheuert aus. Er hat sie ins Netz gestellt, der Depp. Wir haben sie dann aber auf dem Trailer gekriegt.

Mi: Eigentlich keine schlechte Idee. Diese Euro-Paletten sind sehr leistungsfähig.

L: So ein Quatsch. Ja, das dachte ich mir schon, dass das dem Herrn Theoretiker gefällt.

Mi: Oh!

L: Meinst Du wirklich, nur weil Du zehn Paletten übereinander packst, tragen die auch gleich zehnmal mehr?

Mi: Vielleicht brauchst Du ja gar keine zehn Paletten?

L: Brauchst Du doch. Ein so ein Ding wiegt 25 Kilo. Wenn es trocken ist. Und ist 15 cm hoch. Für Maschinenbauer: 150 mm. Die J22 hat einen Tiefgang von eins-zwanzig. Also brauchst Du neun oder zehn, besser zehn.

Mi: Okay?

L: Dann wiegen die oberen Neun in einem glücklichen Fall schon mal 300 Kilo.

Mi: Was wiegt den die J22?

L: Genau das ist der Punkt. Eigentlich sollte sie knapp 900 kg wiegen. Bei Auslieferung ab Werk ist das auch so. Theoretisch. Segelklar im Prospekt heißt ja immer: frisch geliefert. Dazu kommen Papas nasse Socken, die Ersatzsegel, Schuhe, Blauwasserzeug, jede Menge Hygieneartikel für die Vorschoterin, die selber nix wiegen darf, das arme Kind.

Mi: ... mit den nassen Socken hast Du es aber?

L: Ja. Und aus gutem Grund. Die J22 ist quasi selbst ein Jollenkreuzer – muffig, muffig - mit blockiertem Schwert. Aber als American Beauty-Queen getarnt.

K-H: so süß.

---

angeboten. Gegenwärtig werden die Boote von Lizenznehmern in den USA, Italien und Südafrika produziert. Das Boot ist seit 1983 am Markt. Bis Ende 2011 wurden ca. 1650 Boote hergestellt.

L: Außerdem nimmt sie Wasser. Bei uns hing sie mit elfhundert Kilo am Haken. Und mit Palette kenne ich mich aus. Die macht dann einfach nur noch: knack. 10000 Newton macht die mit. Mehr nicht.

Mi: Bei Punktladung. Und sonst 20000 N in der Fläche.

L: Kann mal jemand diesen Schlaubi-Schlumpf hier erwürgen.
     Der ganze Text ist doch einfach nur eine Liebeserklärung an Heides Folkeboot. Und an den langen Kiel. Manno.
     (jetzt richtig böse) Micha, was macht eigentlich Deine BESCHEUERTE Suzuki.

Mi: Ok, Punktsieg 2:0 an Laris.

Später dann reden wir noch über den Kiel als Solchen. Auch für die Bootsbaumeisterin ist der erst mal ein Volumen und ein jedes Schiff mehr oder weniger füllig. Hier und dort, vorn, hinten, am Bug, in der Mitte, am Heck. Der Lateralplan ist das Eine. Man kann ihn isoliert als Maß für die Seetüchtigkeit heranziehen. Das Volumen ist das Andere. Von der Fülligkeit am Bug wissen wir, oder wissen sie, die Bootsbauer, je mehr auch geforscht wird inzwischen immer weniger und weniger. Die Schiffsform, vor allem der Wulstbug ist noch lange nicht verstanden; man weiß lediglich, dass er funktioniert. Auch hier hat das nichts mit dem Gewicht (im Bug) zu tun. Es ist reine Form. Wir Laien sind es, die dem Volumen das Gewicht andenken. Das Denken der Anwender über das Ding. Und dann vielleicht sogar die Rückkopplung. Das gefährliche Marketing. Die Zufriedenheitsbefragung. Was hat der Markt zu tun mit dem Ding. Was darf der Markt bestimmen über das Ding. Und der Rumpf überhaupt. Was die Konstrukteure derzeit beschäftigt ist der Satz: „Die Welle bleibt im Schiff"! der Satz hat das Zeug, in die Nähe des Froud'schen Satzes, dass Länge läuft! zu gelangen. Gar nicht so schlecht. Aber sie müssen sich auch Dominanz verschaffen, die Fachleute, die Bootsbauer, die Konstrukteure. Nicht der Markt darf bestimmen (form follows market) wie ein Boot zu erscheinen hat, sondern die Anforderung bestimmt das Design. Aber das ändert sich gerade.

L: Wir sehen manchmal merkwürdige Sachen. Vor zwei, drei Wochen.
     Als er auf den Hof fuhr, dachte ich noch, "Mann, das ist wieder so ein Fifen-Segler, der mit seinem Spinnaker nicht klarkommt und den zurück gebaut haben will[4]. Aber es war kein Kunde, sondern nur jemand der auf unserer Bahn abslippen wollte. Die denken immer, wir wären so eine Art Badestelle. Und er sagte, es sei ein Kielboot. Sah aber aus, wie eine Jolle.

---

[4] Vor ein paar Jahren hatte sich in der Klassenvorschrift der 505-Rennjolle der Anschlagpunkt des Spinnakers geändert. Nach einer Saison wollten viele ihre alte Konfiguration zurückhaben, weil das Vorsegel flacher gefahren werden konnte. Obwohl kleiner war das alte Segel effizienter.

Wie ein Pfannkuchen auf einem kurzen Eintonnentrailer, eine SeaScape 18[5]. Ich fragte ihn, was man damit so macht?

Mi: War es ein Mittwoch?

L: Ich glaube? Nein. Ein Freitag, vielleicht. Er wollte jedenfalls eine Regatta segeln. Und ja; einem Sportler helfen wir immer. Das Seltsame daran war, er wollte als Kielboot starten.

Mi: Das ist wahrscheinlich genau die Frage, auf die sich das in Zukunft zuspitzt. Die Jolle mit dem Kiel.

L: Nicht wirklich neu. Aber auch nie wirklich gut.

Mi: .. der Kielzugvogel,..

L: Ja, das ist der Klassiker. Der Zugvogel ist eigentlich eine Rakete. Also mit Schwert. Auf dem Fluss fährt der Zugvogel locker gegen die Strömung. Ich hab das mal auf der Donau gesehen. Die fahren da ohne Motor flussabwärts. Das ist dermaßen arrogant. Denn sie wissen, dass sie es bei jedem Wind schaffen, wieder hoch zu segeln, die Öschies. Ich mag das wenn jemand was riskiert.

Mi: Ja, stimmt. Das habe ich auch mal gesehen. Diese Segler[6] vom Schiersteiner Hafen. Wahrscheinlich war es auch ein Schwertzugvogel. Wenn ich dort leben würde ich dort segeln, in Schierstein, vielleicht. Aber nicht mit einem Zugvogel. Ich finde gerade diese Jolle mörderisch.

Jollen. „Der Name Jolle geht auf eine aus dem Norwegischen abgeleitete Namensgebung für kleine, rundspantige Boote ohne Balkenkiel zurück. Das norwegische JÖLL bezeichnet eigentlich einen Trog, oder ausgehöhlten Baumstamm. Seine runde Form erinnert an die rundspantigen Boote. Die ursprüngliche Heckform Spitzgatt ist im späten 19. Jahrhundert dem heute typischen Spiegelheck gewichen. Der Konstruktionsschwerpunkt einer Jolle liegt meist über der Wasserlinie. Sie ist ein formstabiles Boot, das sein aufrichtendes Moment durch den Wasserdruck erhält, der auf den flachen Rumpf wirkt. Aufgrund des hohen Konstruktionsschwerpunktes richtet sich eine Jolle nur bei sehr geringen Krängungswinkeln wieder von selber auf, wenn der Winddruck im Segel nachlässt. Ebenso kann die Jolle nur einen geringen Winddruck dadurch ausgleichen, dass der Wasserdruck in Lee zunimmt, während gleichzeitig der in Luv abnimmt. Es fehlt das ausgleichende Drehmoment eines Kielgewichtes, das bei zunehmendem Winddruck nur durch

---

[5] Die Seascape 18 wurde von den 10 führenden Yachtfachzeitschriften Europas zur europäischen Yacht des Jahres 2010 in der Klasse „Besondere Boote" gewählt. Rumpflänge: 5.50 m. Breite 2.40 m. Tiefgang: 1.50 m. Displacement: 470 kg. Kiel: 125 kg. Großsegel: 14.5 m2. Genaker: 32m2.

[6] WSV Schierstein. https://www.wvschierstein.de/. Der Verein hat sechs Segelboote, die, nach entsprechender Einweisung, jedem Vereinsmitglied zur Verfügung stehen. Jedes Boot wird von einem Bootspaten betreut. Diese sind auch die ersten Ansprechpartner für eine Einweisung. www.mittwochssegler.info/sidebar/vereinsboote

Gewichtsverlagerung der Personen an Bord, Veränderung der Segelstellung – Auffieren - oder Änderung des Kurses zum Wind ausgeglichen werden kann. Bei Rennjollen wird auf diese Segelmanöver besonderen Wert gelegt. Durch die Konstruktion mit auch für Jollen vergleichsweise sehr hoch liegendem Konstruktionsschwerpunkt und sehr geringer „benetzter" Fläche wird erreicht, dass Jollen auf Vorwindkursen ins Gleiten kommen. Hierbei heben sich die Boote aus dem Wasser und verdrängen wesentlich weniger Wassermasse als Ihr Eigengewicht – inklusive der Segler – ausmacht. Das reduziert den Wasserwiderstand immens und führt zu sehr hohen Geschwindigkeiten".[7]

L: Quatsch. Gerade die Holzboote sind wunderbar. Und freundlich. Gut zu segeln. Schwertzugvögel sind meine Vita.
So. Und jetzt stell Dir vor, Du würdest in so eine Hübsche einen Leierkasten einbauen.

Mi: einen Leierkasten?

L: Ja, wirklich. Der Kiel wird geleiert. So mit Zahnstange und Drehorgel; zumindest bei den Alten Damen. Was Mader da heute so baut, interessiert mich nicht. Wenn Du mit einem Schwertzugvogel kenterst, bist Du entweder zu schwach oder zu doof. Immerhin wiegt sie mehr als ein Pirat, so über 200 Kilo. Wenn Du mit einem Kielzugvogel kenterst, bist Du einfach nur tot, 350 Kilo, aufwärts mindestens.

Mi: Warum hat man überhaupt zwei Varianten gebaut? Welcher Zugvogel kam denn zuerst?

L: Das weiß ich nicht. Ich glaube zuerst kam die Jolle. Die Baupläne sind frei. Du kannst sie selber bauen. (träumt jetzt)
Als ich klein war, wollte ich immer dieses eine Paddelboot selber bauen. Aber das Buch, das mein Papa hatte hieß „Werkbuch für Jungen". Damit war das Thema für immer gegessen. Für eine ganze Mädchen-Kindheit.

Mi: Den Wollman, den hatte ich auch. Ich habe dann eine Modellyacht gebaut, die aussieht wie ein Schärenkreuzer.

H: Ein Modellboot! Ja super, Micha; da hätte ich jetzt auch drauf gewettet. Wie süß.

---

[7] Jollen. Der Name Jolle geht auf eine aus dem Norwegischen abgeleitete Namensgebung für kleine, rundspantige Boote ohne Balkenkiel zurück.
Auszugsweise aus: http://www.segeln.de/segeln/segelboot/typen-und-klassen/jollen

Der Kielzugvogel ist ein so genanntes offenes Kielboot für zwei Personen mit holbarem Ballastkiel und eine nationale Einheitsklasse[8]. Es gleicht in der Bauweise bzw. der Rumpfform dem Schwertzugvogel; Ernst Lehfeld konstruierte diese kostengünstige Wanderjolle um 1960. Rein formal ist der Kielzugvogel also ein „offenes Kielboot, ein Segelboot mit Kiel aber ohne Kajüte. Im Gegensatz zu einer Jolle hat ein Kielboot einen fest angebrachten Kiel mit Ballast und ist daher gewichtsstabil. Das bedeutet, dass der Gewichtsschwerpunkt so tief liegt, dass er ein erhebliches aufrichtendes Moment für das Boot darstellt (Prinzip des „Stehaufmännchens"). Dadurch können offene Kielboote nur sehr schwer kentern und richten sich gewöhnlich aus jeder Lage wieder auf. Typische offene Kielboote haben ein flaches Vordeck vom Bug bis zum Mast und ein ebenso flaches Achterdeck hinter dem Steuerruder. Zwischen Mast und Ruder sind sie "offen", was die Bezeichnung begründet".[9] Ein Kielboot mit Kajüte wird dagegen als Segelyacht bezeichnet.

Mi: Hier kommt der Eiermann. Wie komme ich jetzt drauf? Und: Ist der Kielzugvogel jetzt ein Kielboot?

L: Ja. Gehen wir einmal mehr davon aus. Und außerdem gibt es bei Schiffen ja die Eigenschaft der Gewichtsstabilität. Beides gehört nach dem Stand der Technik zusammen. Rein vom Bootsbau her gesehen, ist der Kiel ein mittschiffs im Boden angebrachter Längsverband. Ähnlich der Wirbelsäule beim Menschen. Der Kiel ist so etwas wie das Rückgrat des Bootes und hier setzen beim Wirbeltier die Rippen an. Das ist eben auch bei Booten so, denn auf dem Kiel sitzen die Spanten, die der Querstabilität des Bootes dienen. Nach vorn und nach hinter geht der Kiel in die Steven über. Und rein vom Bootsbau her gesehen, ist der Kiel schwer, weil er massiv ist. Aber ich persönlich könnte mir durchaus einen Kiel als Konstruktion vorstellen. Als irgendwas Hohles, das man gegebenenfalls mit irgendwas Anderem befüllen kann. Ein Konstruktionskiel stellt Räume bereit, die mit so genannten „Leichter-als-Wasser-Materialien" geflutet werden könnten. Aber haben wir etwa so einen Bleibrei? Nein. Je nach Bauart des Schiffes gibt es allerdings sehr unterschiedliche Kielformen, die sich teilweise nicht ganz klar vom Schwert trennen lassen. Das Schwert von der O-Jolle ist extra schwer. Damit es so ein bisschen nach Kiel geht. Vielleicht sollte man sich von einer festen Grenze trennen. Und

---

[8] http://www.schwertzugvogel.org/fileadmin/SZV/2011/Klassenvorschrift_SZV___KZV_2008.pdf
[9] https://de.wikipedia.org/wiki/Offenes_Kielboot

viel freier denken. Und natürlich gibt es da die permanenten Rechts-Überholer: Dit is ja n Kielboot. Inna Regatta fa ick alle platt.
Gleichzeitig soll ein Kiel Querkraft aufbauen. Ich vermute mal, dass das in Zukunft in den Vordergrund gerät. Die Form kehrt zurück. Wie Kiele das grundsätzlich machen, wissen wir seit tausend Jahren. Was wir nicht so genau wissen ist, wie ein Kiel arbeitet der Querkraft und Lift erzeugen will. Und ich meine statischen und dynamischen Lift. Den statischen Lift kann ich mit „Leichter-als-Wasser-Materialien" herstellen; den Dynamischen mit einem Flügel. Dass man mit den statischen Verfahren, die auf Gravitation setzen so langsam nicht mehr ganz einverstanden ist, kann man an den Schwenkkielen sehen. Als wäre man einerseits mit dem Vorhandenen unzufrieden, aber ohne wirkliche Ideen, werkelt man an vorgefundenen Lösungen herum, und schafft so genannte „Innovationen, die in einem hohen Maße unangenehm sind. Und deshalb brauchen wir Bootsbauer solche Leute wie dich, Micha. Eigentlich keine Ahnung, aber mutig genug die wichtigen Fragen zu stellen. Über Kiele werde ich jetzt mal besonders nachdenken. Und dann fahren wir wieder rund Hasselwerder.

Mi: .. was für ein Schlusswort.

Epilog. Manche Menschen in diesem kleinen Bühnenstück, das als unregelmäßige Folge erscheint, existieren tatsächlich, heißen aber anders. Laris etwa. Meist sind es liebe Freunde, die sich in unseren vielen Gesprächen zu einer neuen Person zusammensetzen oder genau so sind wie sie sind und dann wie Harry Haller und Hermine zwischen den Steppenwolfspiegeln stehen. Und zu mir sprechen. Heide und mich gibt es natürlich, die SÖVIND, Heides altes Folkeboot liegt in Berlin Tegel und ist unser Heterotop, der echte Ort für allerlei Hirngespinste, für Theorien und Fragen, die man nicht stellt. Die nicht stellen sollte, wer bei klarem Verstande ist. Aber wer will das hier schon sein. Und Hasselwerder. Während andere die Weltmeere besegeln schaffe ich es in diesem Leben nur noch rund Hasselwerder, das gebe ich zu. Inzwischen. Mo und Helge gibt es. Ich grüße euch auf diesem Weg. Karl-Heinz habe ich aus den Augen verloren; die Postkarten hörten irgendwann auf. Aber gelegentlich erkenne ich seine Familie hier in Berlin und irgendwann gibt ein Wiedersehen. Das habe ich oft schon geträumt. Und als ich Laris's Mann begegnete, auf einer Party bei Mecki, den es gibt, da war es, als würden wir und schon hundert Jahre lang kennen. Die Katakomben in Spandau gibt es, aber Italienerinnen überwintern inzwischen getrennt; das ist natürlich anrührend schade.

Bibliographie und weiterführende Literatur

[BaNe-98]   Barthlott, W.; Neinhuis, C.: Lotusblumen und Autolacke – Ultrastruktur pflanzlicher Grenzflächen und biomimetische unverschmutzbare Werkstoffe. Biona Report 12, Schriftenreihe der Wissenschaften und der Literatur, Mainz. Gustav Fischer-Verlag, Stuttgart 1998.

[Bann-02]   Bannasch, Rudolph. Vorbild Natur. In: design report 9/02, S.20ff. Blue.C Verlag Stuttgart: 2002.

[Bapp-99]   Bappert, R. Bionik, Zukunftstechnik lernt von der Natur. SiemensForum München/Berlin und Landesmuseum für Technik und Arbeit in Mannheim (Herausgeber): 1999

[Bech-93]   Bechert, D.W.: Verminderung des Strömungswiderstandes durch bionische Oberflächen. In: VDI-Technologieanalyse Bionik, S. 74 – 77. VDI-Technologiezentrum Düsseldorf 1993.

[Bech-97]   Bechert, D.W., Biological Surfaces and their Technological Application. 28th AIAA Fluid Dynamics Conference: 1997

[Cal-84]   Calder, W.A. (1984) Size, Function and Life History. Harvard University Press. Cambridge 431pp.

[Die11-1]   Dienst, Mi. (2011) Hrsg. Transactions in Bionic Engineering Design, Vol.-Nr.001. BOD Verlag Norderstedt. ISBN 978-3-8423-2714-6.

[Die 11-2]   Dienst, Mi., (2011) Bionic Research Unit Berlin. Rezente Bionikforschung an der Beuth Hochschule für Technik Berlin, In: 5. Bremer Bionik Kongress –Tagungsbeiträge. Hrsg.: Antonia B. Kesel, Doris Zehren, S. 200-203. ISBN 978-3-00-033467-2

[Die09-4]   Dienst, Mi.(2009) Physical Modelling driven Bionics. GRIN-Verlag München.

[Die 18-8]   Dienst, Mi. (2018) Über Lateralpläne, Resilienz und Seetüchtigkeit. About the Origin of Resilience and Seaworthiness. GRIN-Verlag GmbH München, ISBN(e-Book): 9783668655294, ISBN(Buch): 9783668655300

[DUB-95]   Dubbel, Handbuch des Maschinenbaus, Springer Verlag Berlin, 15.Auflage 1995.

[Fli-02]   Flindt, R. (2002) Biologie in Zahlen Berlin: Spektrum Akademischer Verl.

[Fren-94]   French, M.: Invention and Evolution: design in nature and engineering. Cambridge University Press. Cambridge 1994.

[Fren-99]   French, M.: Conceptual Design for Engineers. Berlin, Heidelberg, New York, London, Paris, Tokio: Springer: 1999

[Gel-10]   Produktinformation, 05 2010, GELITA 69412 Eberbach. www.gelita.com

[Guen-98]   Günther, B., Morgado, E. (1998) Dimensional analysis and allometric equations concerning Cope's rule. Revista Chilena de Historia Natural 71: 331-335, 1989

[Gör-75]   Görtler, H. Diemensionsanalyse. Berlin Springer 1975

[Guen-66]   Günther, B., Leon, B. (1966) Theorie of biological Similarities, nondimensional Parameters and invariant Numbers. Bulletin of Mathematical Biophysics Volume 28, 1966.

[Gutm-89]   Gutmann, W.: Die Evolution hydraulischer Konstruktionen. Verlag W. Kramer: Frankfurt am Main, 1989.

[Hüt-07]   Hütte, 2007, 33. Auflage, Springer Verlag. S.E147

[Hux-32]   Huxley, J.S. (1932) Problems of relative Growth. London: Methuen.

[Liao-03]   Liao, J.C.; Beal, D.; Lauder, G.; Triantayllou, M. Fish Exploting Vortices Decrease Muscle Activty. In: Science 2003, S. 1566-1569. AAAS. 2003.

[Matt-97]   Mattheck, C.: Design in der Natur. Rombach Verlag. Freiburg 1997.

[Nac-01]   Nachtigall, W. (2001) Biomechanik. Braunschweig: Vieweg Verlag.

[Nach-98]   Nachtigall, W. : Bionik – Grundlagen und Beispiele für Ingenieure und Naturwissenschaftler. Springer-Verlag, Berlin-Heidelberg-New York 1998.

[Nach-00]   Nachtigall, Werner; Blüchel, Kurt. Das große Buch der Bionik. Stuttgart: Deutsche Verlags Anstalt: 2000.

[PaBe-93]   Pahl. G.; Beitz, W.: Konstruktionslehre, 3.Auflage. Berlin-Heidelberg-New York-London-Paris-Tokio: Springer 1993

[Pflu-96]   Pflumm, W. (1996) Biologie der Säugetiere. Berlin: Blackwell Wissenschaftsverlag.

[Rech-94]   Rechenberg, Ingo. Evolutionsstrategie'94. Frommann-Holzoog Verlag. Stuttgart: 1994.

[Tho-59]   Thompson, D'Arcy, W. (1959) On Growth and Form. London: Cambridge University Press. (Neuauflage der Originalschrift 1907)

[Tho-92]   Thompson, D W., (1992). *On Growth and Form*. Dover reprint of 1942 2nd ed. (1st ed., 1917). ISBN 0-486-67135-6

[Tria-95]   Triantafyllou, M.: Effizienter Flossenantrieb für Schwimmroboter. In: Spektrum der Wissenschaft 08-1995, S. 66–73. Spektrum der Wissenschaft- Verlagsgesellschaft mbH, Heidelberg 1995.

[Zie - 72] Zierep, J. (1972) Ähnlichkeitsgesetze und Modellregeln der Strömungslehre. Karlsruhe: Braun Verlag 1972.

BEI GRIN MACHT SICH IHR WISSEN BEZAHLT

- Wir veröffentlichen Ihre Hausarbeit,
  Bachelor- und Masterarbeit

- Ihr eigenes eBook und Buch -
  weltweit in allen wichtigen Shops

- Verdienen Sie an jedem Verkauf

Jetzt bei www.GRIN.com hochladen
und kostenlos publizieren